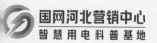

国网河北营销中心
智慧用电科普基地

E 起充电吧

E 起探索 光伏奇缘

冯　剑　武光华　魏新杰　陶　鹏
贾晓卜　郭　威　李栋泽　张　宁 ◎著
陈　磊　张　磊　胡举爽　刘立强

中国电力出版社
CHINA ELECTRIC POWER PRESS

图书在版编目（CIP）数据

E 起探索光伏奇缘 / 冯剑等著 . -- 北京：中国电力出版社，
2025. 2. --（E 起充电吧）. -- ISBN 978-7-5198-9594-5

Ⅰ . TM914.4-49

中国国家版本馆 CIP 数据核字第 2025QD0936 号

出版发行：中国电力出版社

地　　址：北京市东城区北京站西街 19 号（邮政编码 100005）

网　　址：http://www.cepp.sgcc.com.cn

责任编辑：陈　丽

责任校对：黄　蓓　张晨荻

装帧设计：赵姗姗　锋尚设计

责任印制：石　雷

印　　刷：北京瑞禾彩色印刷有限公司

版　　次：2025 年 2 月第一版

印　　次：2025 年 2 月北京第一次印刷

开　　本：787 毫米 × 1092 毫米　16 开本

印　　张：2.5

字　　数：33 千字

定　　价：20.00 元

寄　语

亲爱的读者：

　　您好！

　　电是我们生活中密不可分的"小伙伴"，它如同充满活力的精灵，跳跃奔跑在每一个角落，为我们的生活带来了前所未有的便利与繁荣。

　　您知道电是从哪里来的吗？您知道电是如何输送储存的吗？您知道电力科技是如何改变生活的吗？在此，非常荣幸地向您推荐《E起充电吧》系列电力科普丛书，这是一套由国网河北省电力有限公司营销服务中心（简称国网河北营销中心）的电力科技工作者们精心编制的电力前沿科学技术知识的趣味科普丛书。

　　《E起充电吧》系列电力科普丛书将科学性和趣味性融为一体，以大家喜闻乐见的故事为载体，采用生活化的语言，轻松揭开电力前沿科学技术的神秘面纱，通过画册的形式将深奥的科学知识讲得形象生动。书中的主人公小智在智慧用电科普基地电力科普小使者小E的带领下，前往桃花源探索微电网背后的奥秘，通过乘坐无人驾驶汽车了解无人驾驶的科学原理，在给电动汽车充电的过程中认识不同类型充电桩的神奇功能，利用穿梭机进入光伏板内部零距离观察光电转化的秘密，在储能电池内部参观电能被储存和释放的科学过程。

　　善读书，读好书。一本好的科普读物犹如一匹骏马，带您不断向前奔驰；一本好的科普读物恰似一座宝藏，让您不停探索奥秘；一本好的科普读物宛若一双翅膀，载您尽情翱翔蓝天。那么，接下来就让我们跟着《E起充电吧》开启愉快的科普阅读之旅吧！

　　最后，祝您在阅读中发现更多电力的奥秘与乐趣！

国网河北省电力有限公司营销服务中心

2024年10月

基地简介

国网河北营销中心智慧用电科普基地，是国网河北营销中心倾力打造的集研学、创新、实践、科普为一体的电力特色科普基地。基地致力于电力科普工作，宣传最新电力成果、传播电力科学知识、普及安全用电常识、开展科普教育活动，促进全民科学素质提升。基地先后被命名为"河北省科普教育基地""河北省科普示范基地""电力科普教育基地""能源科普教育基地"。

欢迎关注"智慧用电科普基地官方微信"学习有趣好玩的电力知识，了解电力前沿动态。

智慧用电科普基地官方微信

人物介绍

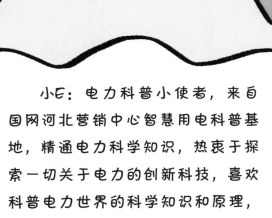

小智：性格开朗的阳光男孩，对未知的世界充满好奇，对科学知识充满渴望，喜欢探索新鲜事物，热衷观察生活，擅长思考钻研科学问题。

小E：电力科普小使者，来自国网河北营销中心智慧用电科普基地，精通电力科学知识，热衷于探索一切关于电力的创新科技，喜欢科普电力世界的科学知识和原理，是孩子们学习成长过程中的好伙伴。

一个阳光明媚的周末早晨，小E和小智并肩走在小镇的街道上。阳光透过树叶的缝隙，洒下斑驳的光影。他们聊着天，享受着美好的周末时光。

小智提议道："小E，我们一起去郊外，来一次周末探险，怎么样？"

小E："周末探险？听起来很有趣，还等什么？我们赶紧出发吧！"

伴随着引擎的轰鸣声，一辆汽车载着他们的期待，驶向了郊外。

刚下车，他们的目光瞬间被这里的景象所吸引。

小E："这里的景色真是美不胜收啊！连空气都弥漫着令人心旷神怡的清新。"

小智开心地说："是啊，在这个地方探险肯定很有趣，我们快去探险吧！"

　　突然远处山坡上的东西引起了小智的注意，他兴奋地喊道："看！那片山坡上，是什么在闪闪发光？"

　　小E顺着他手指方向望去，解释道："那是光伏板，它们拥有将阳光转化为电能的神奇能力。"

小智的眼睛闪烁着好奇的光芒，追问道："它们是怎么将阳光转化为电能的呢？"

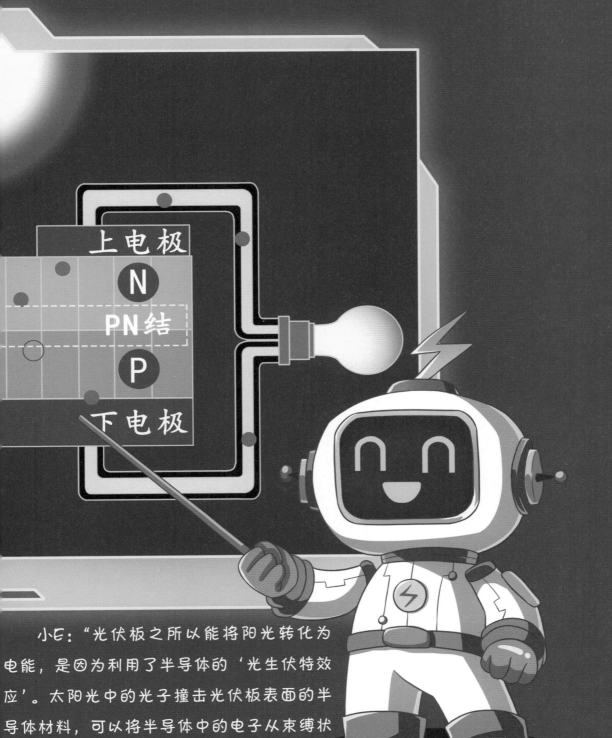

上电极

N

PN结

P

下电极

　　小E："光伏板之所以能将阳光转化为电能，是因为利用了半导体的'光生伏特效应'。太阳光中的光子撞击光伏板表面的半导体材料，可以将半导体中的电子从束缚状态中激发出来，形成空穴电子对，然后在PN结的作用下，空穴和电子被分离并在外部电路中形成电流，从而实现光电转化。"

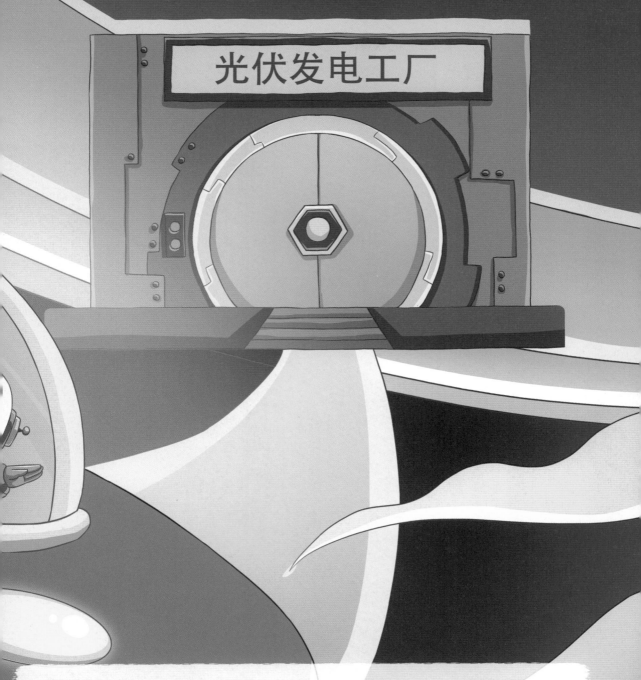

光伏发电工厂

小智一脸问号："空穴电子对、PN结这些都是什么呀？我没有听懂。"

小E神秘一笑："让我用'时空穿梭机'带你进入光伏发电工厂，一探究竟吧！"

一道光芒闪过，两人就来到了光伏发电工厂。

光伏发

"哇,我们真的进来了!"小智惊叹不已。

小E热情地介绍道:"欢迎来到光伏发电工厂!"

小智环顾四周,满怀期待地说:"快带我去看看阳光是如

何在这里变成电能的吧。"

电子精灵

空穴精灵

小E微笑着说："别急，我先给你介绍一下这里的特别员工——电力精灵，这些小精灵们性格迥异，分为两族，活泼的'电子精灵'和安静的'空穴精灵'。"

小智："耶！这些小精灵们看起来太漂亮、太可爱啦！"

小E："是的，'电子精灵'充满活力，在N型车间里自由奔跑；而'空穴精灵'则安静温和，喜欢在P型车间里守护自己的小世界，接收着周围的能量。"

　　小智好奇地跟随小E走进车间，首先映入眼帘的是N型车间的开阔与明亮。

　　小E介绍道："这个车间是'电子精灵'们的工作车间，工厂特制的'魔法物质'会让它们更加活跃，如同电池中的负电荷，渴望探索与前行。"

随后，他们又来到了P型车间。

小E介绍道："这里温馨而紧凑，让'空穴精灵'们感到安心与舒适。它们被温暖的氛围所吸引，聚集在一起，如同电池中的正电荷，等待着传递能量。"

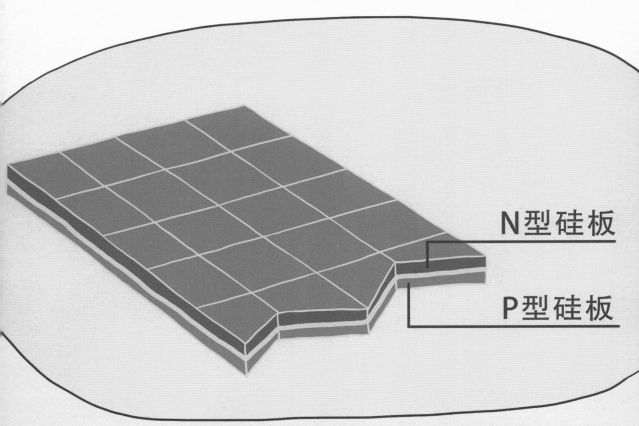

N型硅板

P型硅板

小智："它们的车间和我们平时所说的光伏板有什么关系呢？"

小E："它们的车间就是我们平时所说的光伏'硅板'——N型硅板和P型硅板。"

小E看着面前的通道说："N型硅板和P型硅板通过这座'导线桥'连接在一起。"

小智说："快看，'电子精灵'正在排队过桥呢！"

小E点头笑道："正是如此，当太阳光照射到N型车间时，'电子精灵'接收到阳光的能量，开始活动，纷纷通过'导线桥'离开N型车间向P型车间迁移，'电子精灵'的迁移过程就形成了电流。"

小智恍然大悟："原来我们日常用的电，竟然可以这样直接从阳光中获得！"

小E点头赞同："科技的力量确实令人惊叹。而且，只要太阳光存在，这些小精灵们就能不断为我们带来光明与能源。"

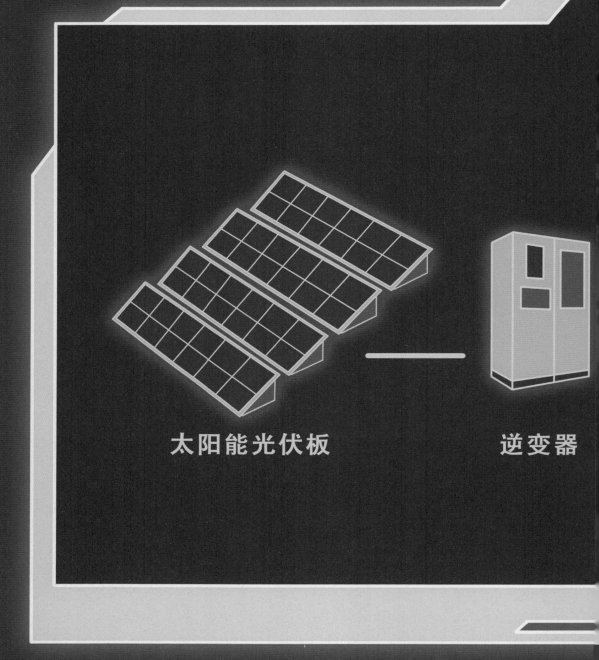

太阳能光伏板 逆变器

小智接着问道："那这些电能是如何被我们利用的呢?"

小E拍了拍小智的肩膀说道："问得好！光伏板把阳光转化为电能后，通过专业的装置将这些电能汇聚起来输送到电网上，然后再经过电力线路输送到千家万户，为我们提供源源不断的能量。"

电网

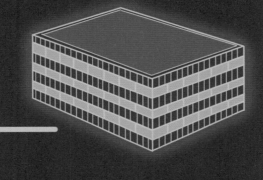

千家万户

小智感叹道："这真是太神奇了！我以前从来没有想到过太阳光能有如此大的作用。"

小E微笑着说："科学的魅力无穷无尽，随着科技的不断发展，光伏发电将会更加高效、环保，为我们的生活带来更多的便利与惊喜。"

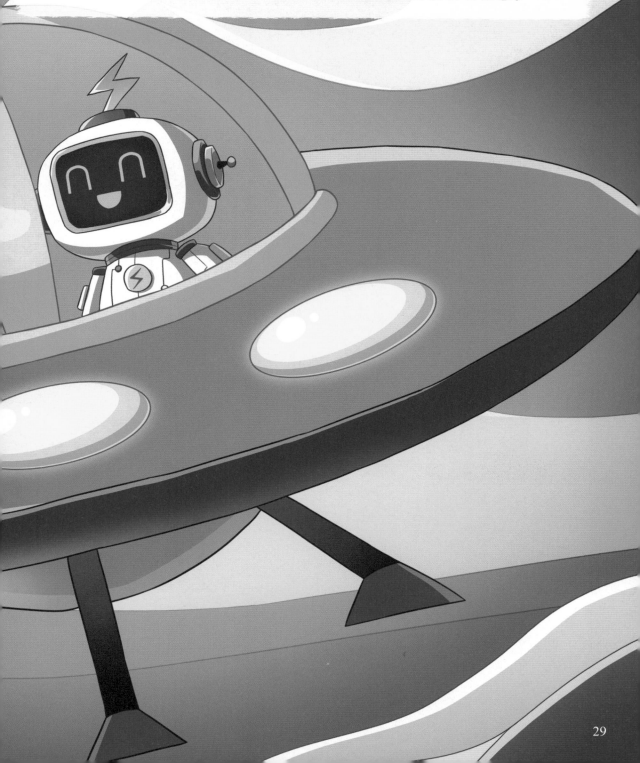

两人乘坐时空穿梭机又回到了现实世界，阳光依旧明媚，照耀着他们前行的道路。

　　小E望着远方说道："今天的探险只是开始，未来还有更多的科学奥秘等待着我们去探索与发现。"

　　小智点头应和，心中充满了对世界的好奇与向往。

　　他们知道，这份探索欲将引领他们不断前行，在科学的海洋中遨游。

拓展阅读

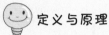

渔光互补

定义与原理

定义：渔光互补是指在渔业养殖水面上建设太阳能光伏发电站，将渔业养殖与光伏发电相结合的一种模式。

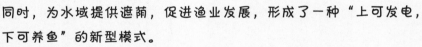

原理：这种技术通过在水域上方架设光伏板，利用光伏板发电的同时，为水域提供遮荫，促进渔业发展，形成了一种"上可发电，下可养鱼"的新型模式。

优点

提高土地利用率：渔光互补模式充分利用了渔业养殖水面的空间资源，无须额外占用土地，提高了土地利用率。

减少生态影响：相较于传统的太阳能发电站，渔光互补模式对生态环境的破坏较小，同时光伏板还能为水域提供一定的遮荫，有利于水质的改善和渔业的发展。

经济效益显著：渔光互补模式不仅能为当地经济提供清洁、可持续的能源支持，还能通过渔业养殖和光伏发电带来双重经济效益。

农光互补

 定义与原理

农光互补简单来说就是"光伏+农业"，即在农田上方架设光伏板，同时光伏板下种植喜阴农作物，形成一种互补关系。这种方式可以提高土地利用率，增加农民收入。

 优点

促进农业发展：光伏板为农田提供遮荫，改善了农田环境，有利于农作物的生长。同时，光伏板下的空间还可以种植喜阴作物，增加农业收入。

光伏发电系统问题答疑

雷雨天气需要断开光伏发电系统吗？

答：分布式光伏发电系统都装有防雷装置，所以不用断开。

建议为了安全起见，可以选择断开汇流箱的断路器开关，切断与光伏组件的电路连接，避免防雷模块无法去除的直击雷产生危害。运维人员应及时检测防雷模块的性能，以避免防雷模块失效所产生的危害。

光伏发电系统对用户有电磁辐射危害吗？

答：光伏发电系统是根据光生伏特效应原理，将太阳能转换为电能，无污染，无辐射。逆变器、配电柜等电子器件都会通过电磁兼容性（EMC）测试，所以对人体没有危害。

扫码观看科普短视频：
绿色光伏打造能源新质
生产力